DENTRO DE LA
Amazonia Salvaje

BLACKBIRCH PRESS

An imprint of Thomson Gale, a part of The Thomson Corporation

Detroit • New York • San Francisco • San Diego • New Haven, Conn. • Waterville, Maine • London • Munich

Photo credits: cover, all pages © Discovery Communications, Inc. except for page 6 © Corel Corporation; page 21 © Brand X Pictures; page 26–27, 30 © Corbis; page 41 © Photos.com

LIBRARY OF CONGRESS CATALOGING-IN-PUBLICATION DATA

Into wild Amazon. Spanish.
   Dentro de la Amazonia salvaje / edited by Elaine Pascoe.
     p. cm. — (Jeff Corwin experience)
   Includes bibliographical references and index.
   ISBN 1-4103-0678-X (hard cover : alk. paper)
   1. Rain forest animals—Amazon River Valley—Juvenile literature. I. Pascoe, Elaine. II. Title. III. Series.

   QL235.I5818 2005
   591.9861'6—dc22
                                       2004029257

Desde que era niño, soñaba con viajar alrededor del mundo, visitar lugares exóticos y ver todo tipo de animales increíbles. Y ahora, ¡adivina! ¡Eso es exactamente lo que hago!

Sí, tengo muchísima suerte. Pero no tienes que tener tu propio programa de televisión en Animal Planet para salir y explorar el mundo natural que te rodea. Bueno, yo sí viajo a Madagascar y el Amazonas y a todo tipo de lugares impresionantes—pero no necesitas ir demasiado lejos para ver la maravillosa vida silvestre de cerca. De hecho, puedo encontrar miles de criaturas increíbles aquí mismo, en mi propio patio trasero—o en el de mi vecino (aunque se molesta un poco cuando me encuentra arrastrándome por los arbustos). El punto es que, no importa dónde vivas, hay cosas fantásticas para ver en la naturaleza. Todo lo que tienes que hacer es mirar.

Por ejemplo, me encantan las serpientes. Me he enfrentado cara a cara con las víboras más venenosas del mundo—algunas de las más grandes, más fuertes y más raras. Pero también encontré una extraordinaria variedad de serpientes con sólo viajar por Massachussets, mi estado natal. Viajé a reservas, parques estatales, parques nacionales—y en cada lugar disfruté de plantas y animales únicos e impresionantes. Entonces, si yo lo puedo hacer, tú también lo puedes hacer (¡excepto por lo de cazar serpientes venenosas!) Así que planea una caminata por la naturaleza con algunos amigos. Organiza proyectos con tu maestro de ciencias en la escuela. Pídeles a tus papás que incluyan un parque estatal o nacional en la lista de cosas que hacer en las siguientes vacaciones familiares. Construye una casa para pájaros. Lo que sea. Pero ten contacto con la naturaleza.

Cuando leas estas páginas y veas las fotos, quizás puedas ver lo entusiasmado que me pongo cuando me enfrento cara a cara con bellos animales. Eso quiero precisamente. Que sientas la emoción. Y quiero que recuerdes que—incluso si no tienes tu propio programa de televisión—puedes experimentar la increíble belleza de la naturaleza dondequiera que vayas, cualquier día de la semana. Sólo espero ayudar a poner más a tu alcance ese fascinante poder y belleza. ¡Que lo disfrutes!

Mis mejores deseos,

DENTRO DE LA
Amazonia Salvaje

El río Amazonas recorre algunas de las comunidades más fascinantes de animales salvajes en nuestro planeta. Quizás sea el más conocido de todos los ríos del mundo, pero nunca deja de asombrar a sus visitantes.

Me llamo Jeff Corwin.
Bienvenidos a la Amazonia.

Ponemos rumbo a un lugar ultrasecreto.

Naveguemos el poderoso río Amazonas para conocer algunos de los maravillosos animales que habitan aquí.

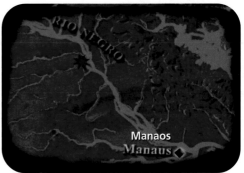

Acompáñame mientras vamos río abajo, en la entraña de las selvas de Brasil. Estamos por conocer algunos de los animales más extraños y maravillosos que habitan la Cuenca del Amazonas, la región extensa donde este poderoso río vierte sus aguas.

La meta de nuestro viaje es un lugar ultrasecreto donde espero enfrentarme cara a cara con el mayor depredador de la Cuenca del Amazonas. Iniciamos la travesía por el río Negro, uno de los miles de afluentes que desembocan en el inmenso Amazonas. Estamos unas 75 millas (121 kilómetros) al norte de la ciudad de Manaos, el puerto más grande en la Cuenca del Amazonas.

Vine a la Amazonia para ver animales, pero también he venido para reunirme con mis colegas brasileños, biólogos que trabajan para mantener el ecosistema de la Amazonia saludable y fuerte. Están trabajando con especies indicadoras que les ayuda a evaluar si el ecosistema del río está en un estado de equilibrio.

He aquí otra razón por la cual tengo muchas ganas de hacer este viaje: bananas. No sé que opinas, pero a mí me encantan las bananas. Podría comer bananas por la mañana, por la tarde y por la noche. Aquí en Brasil, las bananas son dulces, carnosas y frescas. De hecho, la banana llega a ser la fruta nacional de Brasil.

¡Brasil tiene las mejores bananas!

8

Álex es biólogo en la Universidad de Manaos y está estudiando un animal amenazado, es decir, en peligro de extinción. Este es un pez enorme y muy luchador llamado pirarucu, la especie de pez de agua dulce más grande del mundo. Es una lucha, te cuento, agarrar con red uno de estos monstruos. Pero Álex y su equipo necesitan capturar con frecuencia estos gigantes acuáticos para obtener información biológica. Los datos informan a los científicos cómo los peces están reaccionando físicamente a su medio ambiente, si se están alimentando lo suficiente, etcétera.

Álex halló un pirarucu gigante.

¡Vaya, este pez es pesado!

Mira adentro de la boca de este pirarucu para ver algo bien chévere—su lengua gigantesca, que en realidad es como un plato huesudo. Este pez agarra su presa y luego la despachurra entre esa lengua huesuda y los dientes que forran la pared de su boca. La presa es generalmente siluro, que es lo que al pirarucu le gusta más.

Mira su gigantesca lengua.

Un pirarucu aspira aire por su boca para poder respirar fuera del agua.

Seguro piensas que el agarrar un pez así es estresante para el animal, y tienes razón. Pero si tuvieras que escoger un pez para sacar del agua y estudiarlo, éste es el adecuado porque puede respirar aire. A diferencia de la mayoría de los peces, los cuales sólo pueden respirar debajo del agua a través de sus agallas, el pirarucu puede aspirar aire a su boca y a su vejiga natatoria también. Esto le permite al pez sobrevivir en aguas con bajos niveles de oxígeno ya que sale a la superficie cada 15 minutos más o menos para un trago de aire.

Estas escamas de color rojo brillante indican que es un macho.

Éste es un macho con escamas de color rojo brillante. Las hembras también tienen escamas rojas pero no tan brillantes como éstas. Y las hembras son más anchas para poder cargar huevos.

Jorge, un genetista que forma parte del equipo de investigación, toma un pedazo de la aleta para analizarlo. La muestra diminuta le dirá todo sobre los genes de este pez porque los genes están presentes en cada célula viva. Muchas clases de científicos están trabajando juntos para ayudar a esta especie, y necesitan trabajar duro porque está en peligro de extinción. Así que pondremos este pez de vuelta a su estanque.

Jorge necesita una muestra de genes del pirarucu.

Sólo un pedacito de la aleta...

Nos estamos dirigiendo río abajo por el río Negro en ruta a la Fundación del Bosque Lluvioso Viviente, a unas 20 millas (32 kilómetros) oeste de Manaos. Es un santuario en donde primates rehabilitados y otros animales pueden vivir en la naturaleza pero en un hábitat selvático protegido.

Este lugar tiene mucha vegetación y está lleno de vida. Y aquí mismo hay una serpiente con la que me he topado a menudo mientras exploraba las selvas tropicales de América Central y América del Sur. Nunca me canso de ella porque es venenosa. Es una serpiente terciopelo, *Bothrops atrox*.

Estos primates están protegidos aquí.

¡Mira esta terciopelo!

¡Qué serpiente más bella!

Ésta es una serpiente hermosa, una que se halla por toda América Central y América del Sur desde Costa Rica hasta el extremo sur. Hay dos especies principales, *Bothrops asper* y *Bothrops atrox,* las cuales se diferencian por su coloración. Ambas pertenecen a la familia que llamamos Viperidae, que incluye a los mocasines, las cabezas de cobre, las cascabeles, los matabueyes y esta belleza.

Mira el vientre. Ésta es una serpiente que se tragó una presa hace muy poco. Puedo sentir unas patas largas dobladas aquí adentro. Creo que esta serpiente se ha tragado una criatura a la que tengo mucho deseo de ver por estos lados, una rana mono. Voy a soltar la serpiente y buscar una rana mono que esté viva.

¿Son ésas lo que creo que son?

Mira esto. ¡Ranas monos!

Mira esto, en silueta en una hoja como un títere de sombra. Esta figura de animal—su cuerpo largo y las pequeñas prominencias detrás de las patas—me dice que es lo que estaba buscando. Durante el día, las ranas monos se pegan a las hojas así, con sus cuerpos apretados contra la superficie de la hoja.

Pasan el día pegadas a las hojas.

Éstas dos son casi invisibles en esta hoja.

En realidad aquí hay dos hermosas ranas monos, *Phyllomedusa tomopterna*. Realmente pueden brincar. De hecho, una acaba de brincar de mi hombro a la hoja, e inmediatamente se pegó totalmente plana sobre ella. Su instinto la condujo a tomar esa posición porque, con su coloración, es prácticamente invisible contra la hoja. Bueno, tal vez es invisible a una serpiente arborícola u otros depredadores, pero no a Jeff Corwin.

Estas ranas no sólo brincan. Ellas también pueden alzar sus barriguitas y caminar sobre cuatro patas. Hay tantas cosas que las hacen extraordinarias.

Las ranas monos pueden caminar sobre cuatro patas.

¡Oye! ¿Podrías quitar tu pata de mi párpado?

Aquí hay un mono que parece que podría usar un poco de bloqueador contra el sol. Es un huapo colorado, un macho con dientes caninos de buen tamaño. Estos monos usan sus dientes poderosos para comer nueces del Brasil. Rompen la cáscara de la nuez con sus dientes para obtener todos los nutrientes y la grasa de la semilla adentro.

Son monos de tamaño mediano y pesan por lo menos 7 ó 8 libras (3,2 ó 3,6 kilogramos). Son ahora una especie amenazada a causa de la pérdida de hábitat y la cacería. Algunas personas cazan estos animales y se los comen, pero otras los matan por superstición. La superstición surge del hecho que la cara de este mono no tiene pelo, el cual le da un parecido a los seres humanos.

¿Ves ese mono allá arriba? Es un huapo colorado.

Mascando una nuez del Brasil.

Estos monos se
hallan en peligro
de extinción a causa
de la cacería.

Mira su colita achaparrada. Los demás monos que habitan en Brasil, como los chorongos y monos arañas, tienen colas largas, pero la cola del huapo colorado mide sólo unas 6 pulgadas (15 centímetros). Cola corta, cara calva, pelo largo y colorado— es un mono muy en la onda.

Estamos en un pedazo de bosque espantoso, en camino al encuentro con otro científico que está dirigiendo un proyecto muy interesante. Aquí hay un charco de agua—un lugar perfecto para hallar una anaconda, la serpiente colosal de la Amazonia. No veo ninguna anaconda pero hallé algo igualmente especial. Parece un tronco o un montón de hoja, pero es una tortuga.

¿Alguna vez has visto semejante cara extraña? Ésta es la tortuga matamata, cuyo nombre científico es *Chelys fimbriata*. Es una criatura extraña, de apariencia extraterreste. Y como puedes ver, es un imitador. Se camufla perfectamente para asemejarse a las hojas, rocas, troncos y tocones, por lo que es prácticamente invisible en su hábitat.

Vamos a ver aquí abajo.

¡Qué cara más rara!

Su caparazón desigual se parece a una roca o a un tronco...

Su hocico se parece a una hoja...

Su caparazón es desigual y encorvado, como si fuera deformado, por esto se parece a una roca o un tronco. Su cara se parece a hojas que se están pudriendo. Todo esto forma parte del mecanismo de supervivencia que le permite a este animal a asemejarse a una manta de hojas y pasar el tiempo en ella.

Mira la punta de su hocico. Está camuflado para asemejarse a la punta de una hoja, pero también tiene una función. Funciona como un tubo de respiración—la tortuga alza su hocico, toma un aliento y luego encoge su cabeza. Su boca se parece a la de Jabba the Hutt, pero es muy útil para conseguir alimento. La tortuga simple-

y su boca se parece a la de Jabba the Hutt.

mente espera que su presa, tal como un pez pequeño o una rana, se aproxime. Luego se transforma en aspiradora y aspira su alimento.

Cuando una presa se acerca, la tortuga matamata simplemente la aspira.

La tortuga matamata es una de mis favoritas. Es una tortuga asombrosa, maestra del camuflaje y excelente cazadora.

Me reuní con Marcelo Gordo, un científico de la Universidad de Arizona que está haciendo un estudio sobre los osos perezosos. Si quieres hallar un oso perezoso, tienes que alzar la vista a la copa de los árboles porque allí es donde estos animales pasan la mayoría del tiempo. Y no son fáciles de ubicar porque se mueven lentamente y se asemejan a la vegetación.

Marcelo y sus ayudantes han capturado un oso perezoso hermoso. Es un oso perezoso de tres dedos macho, *Bradypus tridactylus*. Mira sus garras fuertes y la bella coloración en su lomo. Para poder identificar este animal para su estudio, los científicos le ponen un collar. Él es el número 103. Luego lo colocamos de nuevo en su árbol.

Sube, lenta pero firmemente. Si tienes un trabajo por completar, no es buena idea contratar un oso perezoso. Le toma a un oso perezoso una semana para desplazarse 200 metros.

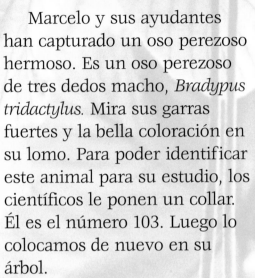

Marcelo capturó un perezoso hermoso.

¡Mira su vistoso colorido!

Despacio y con calma, amigo.

La bebé Nidia tiene sólo 6 meses.

¿No es adorable?

Marcelo nos tiene una sorpresa. Ésta es Nidia—un oso perezoso bebé de alrededor de 6 meses de edad y adorable. Los osos perezosos nacen en las copas de los árboles. La madre da luz mientras se agarra de una rama y el bebé inmediatamente se arrasta al

Duérmete perezosito, duérmete ya...

Mira eso... en aquellas hojas.

¡Caca de perezoso!

estómago de la madre y se agarra estrechamente a su pelaje.

Mientras estamos aquí, podemos presenciar algo más que no se ve todos los días. Las personas no llegan a ver muy a menudo uno de estos animales defecar porque lo hacen tan raramente—como una vez por semana o cada diez días. El oso perezoso baja lentamente de su árbol y se agarra al tronco mientras utiliza su colita para hacer un hueco para hacer sus necesidades. ¿Crees que tenga vergüenza que lo estemos mirando así?

Se sabe de cuál río son las aguas por el color.

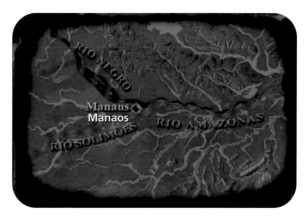

RIO NEGRO

Manaus◆
Manaos

RIO SOLIMOES   RIO AMAZONAS

Por fin llegamos a Manaos, la ciudad capital del estado de Amazonas. Ésta es la puerta oficial al resto de nuestro increíble viaje amazónico.

Estamos entrando al Amazonas, que empieza con la confluencia de dos de los ríos más caudalosos de Sudamérica. Las aguas del río Solimoes son frías y de color café porque recoge muchos minerales en su recorrido desde los Andes. Las aguas del río Negro son más calientes y son negras por los taninos y la materia vegetal pudriéndose que recoge mientras serpentea a través de los bosques tropicales húmedos de la Cuenca del Amazonas. En la confluencia de los ríos puedes distinguir las aguas por su color.

¡Uy! Esta agua sí que es lodosa.

José busca peces eléctricos.

Éste es José Gomes. Es un ictiólogo y nos va a ayudar a encontrar peces eléctricos. José y sus ayudantes han puesto un tipo de red que se llama jábega, y yo voy a ayudar a jalarla. Hay mucho lodo aquí, lo que nos imposibilita ver a través del agua. Sabemos, sin embargo, que hay peces eléctricos aquí, porque José tiene un aparato que puede detectar el campo eléctrico que estos peces generan.

El aparato es básicamente un electrodo conectado a un amplificador y un parlante. José mueve el electrodo en el agua y éste registra señales del pez. El amplificador traduce la señal a sonido, el cual lo oímos por el parlante.

Este aparato puede detectar señales eléctricos.

Distintas especies producen distintos sonidos. Estamos escuchando el sonido típico de un pez Apeteronotus, miembro de la familia *Apteronotidae*. Vamos a examinarlo.

Hallamos muchos peces.

Mira esto—un pez cuchillo. La larga aleta ventral de este pez ondula, moviéndose en forma serpentina que le permite al pez nadar hacia adelante y hacia atrás. Sus ojos son diminutos, prácticamente no existentes porque la vista no es el medio de navegación que este animal utiliza. Utiliza la electricidad. El pez emite pulsaciones eléctricas que se extienden a través del agua que lo

Mira este pez cuchillo.

rodea. Presas y otros objetos cercanos distorcionan el campo eléctrico. El pez tiene sensores que detectan las distorciones, lo cual le da algo así como una imagen de su entorno.

Metimos el pez en una bolsa y lo trajimos al laboratorio, donde José tiene el equipo que mide su impulso eléctrico. El pez cuchillo emite una señal eléctrica continua, tan continua que alteraciones en la señal pueden indicar contaminación o problemas en el medio ambiente. Eso hace que el pez sea una buena especie indicadora, un animal que puede monitorear la calidad del agua y proveer indicios de la salud del ecosistema del Amazonas. Es una investigación importante que nos puede ayudar a vivir más armoniosamente con la naturaleza.

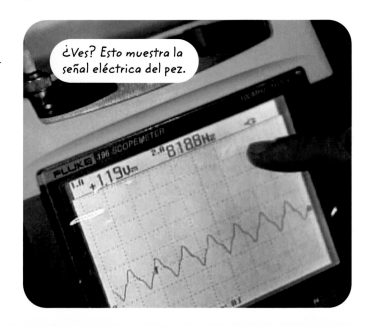

Hay tres tipos de peces eléctricos. El primero son los peces de alto voltaje, tal como las anguilas eléctricas, los siluros eléctricos y las rayas eléctricas. ¡Éstos pueden producir una descarga eléctrica de hasta 600 voltios! Luego están los peces de bajo voltaje, como el pez cuchillo, cuya descarga es generalmente menos de un voltio. Finalmente, los tiburones, las rayas y los siluros son sensibles a la electricidad pero no pueden generarla.

La mayoría de las personas han oído de los peces eléctricos que generan electricidad para dar una descarga y matar su presa, tal como las anguilas eléctricas. También hay algunos peces de agua dulce que utilizan la electricidad para navegación, cacería y comunicación. Utilizan la electricidad para formar una imagen de su medio ambiente. Estos peces pueden intercambiar señales eléctricas sobre apareamiento o peligro.

Un pez eléctrico utiliza electricidad casi como un murciélago utiliza sonido para ecolocación. La electricidad que el pez genera rodea su cuerpo. Esto se llama un campo eléctrico. Al nadar por el agua, el pez se da cuenta de cualquier cosa que toca su campo eléctrico. De este modo, el pez puede formar una imagen eléctrica de los otros peces, plantas o rocas. Esto se llama electrolocación. El ituy caballo o fantasma negro, un pez cuchillo que navega en el Amazonas, se acerca a su presa de cola. Nada hacia atrás usando su larga aleta ventral. El pez cuchillo pasa despacio cerca de su posible víctima. Si la imagen eléctrica parece apetitosa, el pez cuchillo coge su presa cuando alcanza la cabeza de la víctima. Si el pez cuchillo hubiera rastreado su presa mientras nadaba hacia adelante, su presa hubiera terminado estando detrás de él. ¡El pez cuchillo debe nadar en sentido contrario para estar en posición de consumir su alimento!

Nos estamos acercando a ese lugar ultrasecreto.

De regreso al río, nos estamos acercando al lugar secreto que es nuestra meta de este recorrido por el Amazonas. Pero mira lo que hay aquí. Agarrándose de una rama hay algo que seguro piensas que es una lagartija. Es lo suficiente grande para ser una lagartija.

Pero antes, echemos un vistazo...

¡a la cucaracha más grande del mundo!

Pero en realidad es una cucaracha—la especie más grande de cucaracha del mundo, *Blaberus giganteus*. Estos insectos pueden volar, y yo no quiero que éste alce vuelo, así que voy a moverlo tan sólo de la rama para observarlo de más cerca.

Mira el tamaño de esta cosa. Es vegetariana. Come raíces, hojas y desecho vegetal. Y lo que tiene de bueno es que es muy deliciosa.

Bueno, sólo bromeo—no me voy a comer la cucaracha.

Esta selva tiene guerreros humanos...

Hemos llegado a la parte de la selva donde hay dos tipos de guerreros: uno humano y el otro felino. Ya puedes adivinar con cuál me juntaré. Éste es el Centro de Arte Militar Selvática del ejército de Brasil, donde los soldados se entrenan para luchar y sobrevivir en la selva. Este lugar es tan

y guerreros felinos.

ultrasecreto que no me dejarán mostrarte dónde se ubica en el mapa. Mientras están fuera haciendo sus maniobras en la selva, los soldados se encuentran a menudo con animales que son huérfanos o

se han lastimados en sus propias batallas de supervivencia. Muchos son rehabilitados y liberados, mientras que otros no pueden. Entonces terminan siendo residentes permanentes de esta base militar.

Es aquí donde tenemos la oportunidad poco frecuente de enfrentarnos cara a cara con uno de los máximos guerreros de la selva. Mira esto. Acostado contra ese árbol, jadeando en el calor del sol brasileño, está el tercer gato más grande del mundo. El segundo en tamaño sólo después de los tigres y leones, es el jaguar, *Panthera onca*. Ésta es una hembra.

Mira esto. ¿Alguna vez has estado tan cerca a un jaguar?

Entonces, ¿de qué se alimenta un jaguar? De lo que quiera. Por lo general, en la naturaleza, estos animales prefieren presas más pequeñas. Comen animales del tamaño de roedores— por ejemplo, paca o agouti. Mira nomás esos dientes. El jaguar puede utilizar esos dientes para derribar mamíferos más grandes, como pecarí o tapir. Cuando el hábitat de este animal se cruza con territorio humano, el jaguar cazará ganado.

¡No quisiera estar atrapado en esos dientes!

Qué bueno que está descansando en este momento.

La relación entre los humanos y los jaguares es tenua en el mejor de los casos. Y hasta hace poco este animal ha sido un chivo expiatorio y blanco fácil de los ganaderos de esta parte del mundo. Hoy en día existen muchos proyectos de conservación que intentan no sólo asegurar el territorio de estos animales y criarlos para una futura liberación al hábitat recuperado, sino también fomentar una mejor relación entre el hombre y el jaguar. Este animal es parte integral del ecosistema de la Amazonia.

Este animal hermoso es un depredador feroz.

Los jaguares acechan silenciosamente su presa...

¡luego atacan súbitamente!

Cuando un jaguar acecha su presa, se mueve muy silenciosamente. Sus patas anchas tienen pelaje entre los dedos, el cual ayuda a amortiguar cualquier sonido. Y luego el jaguar salta, por lo general sobre el lomo de la presa. Abre su boca y envuelve sus poderosas mandíbulas alrededor del cráneo, a menudo perforando la región temporal con sus enormes colmillos, aplastando el cráneo...

El pelaje entre sus dedos la ayuda a desplazarse calladamente.

Epa, se acaba de despertar. Oye, no muerdas. Tal vez me vaya ahora.

No creo que sea capaz de comerme otra banana.

Me he debido comer 348 bananas en este viaje. Son deliciosas, pero qué no daría yo para comerme un perro caliente en este momento. Sin embargo, tengo una cosa más que mostrarte antes que dejemos la Amazonia.

Hemos visto unos animales de la Amazonia poco comunes, pero éste tal vez sea el menos común de todos. Es un manatí amazónico bebé. Habrán sólo 500 manatíes amazónicos en el mundo, y ésta es la primera vez que he tenido la oportunidad de ver una cría de esta especie en persona.

Hernana estudia los manatíes.

Una bióloga llamada Hernana Sussalina estudia estos asombrosos mamíferos acuáticos a unas cuantas millas río abajo de Manaos, en el Instituto Nacional de Investigación de la Amazonia (INPA). INPA ha iniciado un programa de reproducción en cautiverio para el manatí amazónico, uno de dos programas en existencia. Ellos hasta han desarrollado una fórmula infantil para manatíes aquí para ayudar a animales rescatados como este pequeño a sobrevivir.

¿Tienes sed, pequeñín?

Hernana le toma unas medidas a la cría, y es claro que el manatí está creciendo y está saludable. La cría toma unos 8 litros de fórmula para manatíes al día. Es una leche muy rica que incluye mantequilla como unos de sus ingredientes, y un manatí pequeño se lo chupa tal como yo me chupo un batido de chocolate.

¡MIRA ESTO!

Los manatíes son mamíferos marinos grandes y grises. Sus cuerpos disminuyen en tamaño hasta llegar a una cola plana en forma de canalete. Tienen dos aletas que parecen manos. La cola plana y las aletas que parecen manos hizo creer antiguamente a los marineros que eran sirenas.

El manatí adulto mide un promedio de 10 pies (3 metros) de longitud y pesa entre 800 y 1.200 libras (363 y 544 kilogramos). Algunos manatíes, sin embargo, han llegado a medir más de 13 pies (4 metros) de largo y sobrepasar 3.500 libras (1.587 kilogramos) de peso. El pariente más cercano del manatí es el elefante.

Los manatíes son animales juguetones. Surfean las olas con sus cuerpos y juegan a seguir el líder. A veces surfean con sus cuerpos por más de una hora a la vez. Otras veces, grupos de manatíes nadan juntos en fila de a uno. Todos los manatíes en la línea imitan los movimientos del líder, incluyendo la respiración, el buceo y el cambio de dirección.

Los manatíes no tienen enemigos naturales. Si se dejan solos, pueden vivir 60 años o más. La mitad de las muertes de los manatíes son causadas por seres humanos. La mayoría de estas muertes son ocasionadas por choques contra embarcaciones. Muchos manatíes vivos tienen cicatrices en sus espaldas a causa de ser golpeados por botes o sus hélices. También se lastiman o se matan manatíes cuando éstos se tragan accidentalmente anzuelos, basura humana y sedal, o son enredados en trampas de cangrejos hechas de sedal. Solamente quedan unos 3.000 manatíes en los Estados Unidos. El estado de la Florida, en donde muchos manatíes viven, y el gobierno federal están ahora trabajando para proteger los manatíes.

Estamos viendo un manatí, uno de los animales más amezanados de la Amazonia.

Ésta es una manera mágica de finalizar nuestra experiencia brasileña. Estamos cara a cara con uno de los animales más amenazados que habita aquí, un recuerdo de que todos nosotros somos los encargados de resguardar nuestro gran planeta. Espero con gran anticipación volverte a ver en nuestra próxima aventura.

Glosario

acuático que vive en el agua

afluentes arroyos que desembocan a un arroyo más grande o a un río

amenazado en peligro; una especie amenazada está en peligro de extinción

camuflado con coloración y patrones que se asemejan al ambiente

cráneo esqueleto de la cabeza

depredador un animal que mata y se alimenta de otros animales

ecosistema una comunidad de cosas vivientes y el ambiente donde habitan

electrodo un aparato que detecta descargas eléctricas

especie indicadora una planta o un animal cuya condición nos informa sobre la salud de su ecosistema

genes materias dentro de las células que determinan los rasgos de las cosas vivientes

genetista un científico que estudia los genes y la herencia

hábitat el lugar donde una planta o un animal vive por naturaleza

ictiólogo un científico que estudia peces

jábega una red de pesca que cuelga recto debajo del agua

mamíferos animales que tienen pelo y (si son hembras) producen leche para alimentar a su cría

taninos extractos de la corteza y madera de los árboles

temporal de las sienes o los lados de la frente

vejiga natatoria un órgano lleno de aire en un pez; le permite al pez flotar a un cierto nivel en el agua

venenosa que puede causar daño o muerte

Índice